上海市工程建设规范

建筑围护结构节能现场检测技术标准

Technical standard for in-situ inspection on energy efficiency for building envelope

DG/TJ 08—2038—2021
J 11209—2021

主编单位:上海市建设工程检测行业协会
批准部门:上海市住房和城乡建设管理委员会
施行日期:2021 年 9 月 1 日

同济大学出版社

2021 上海

图书在版编目(CIP)数据

建筑围护结构节能现场检测技术标准 / 上海市建设工程检测行业协会主编. —上海：同济大学出版社，2021.9

ISBN 978-7-5608-9881-0

Ⅰ.①建… Ⅱ.①上… Ⅲ.①建筑物-围护结构-节能-检测 Ⅳ.①TU111.4

中国版本图书馆 CIP 数据核字(2021)第 170187 号

建筑围护结构节能现场检测技术标准

上海市建设工程检测行业协会 **主编**

策划编辑 张平官
责任编辑 朱 勇
责任校对 徐春莲
封面设计 陈益平

出版发行 同济大学出版社 www.tongjipress.com.cn
(地址：上海市四平路 1239 号 邮编：200092 电话：021-65985622)
经 销 全国各地新华书店
印 刷 浦江求真印务有限公司
开 本 889mm×1194mm 1/32
印 张 3.125
字 数 84 000
版 次 2021 年 9 月第 1 版 2021 年 9 月第 1 次印刷
书 号 ISBN 978-7-5608-9881-0
定 价 30.00 元

上海市住房和城乡建设管理委员会文件

沪建标定〔2021〕225 号

上海市住房和城乡建设管理委员会
关于批准《建筑围护结构节能现场检测技术标准》为上海市工程建设规范的通知

各有关单位：

由上海市建设工程检测行业协会主编的《建筑围护结构节能现场检测技术标准》，经我委审核，现批准为上海市工程建设规范，统一编号为 DG/TJ 08—2038—2021，自 2021 年 9 月 1 日起实施。原《建筑围护结构节能现场检测技术规程》（DG/TJ 08—2038—2008）同时废止。

本规范由上海市住房和城乡建设管理委员会负责管理，上海市建设工程检测行业协会负责解释。

特此通知。

上海市住房和城乡建设管理委员会

二〇二一年四月九日

前　言

本标准是根据上海市住房和城乡建设管理委员会《关于印发〈2018 年上海市工程建设规范、建筑标准设计编制计划〉的通知》（沪建标定〔2017〕898 号）的要求，由上海市建设工程检测行业协会会同有关单位，在《建筑围护结构节能现场检测技术规程》DG/TJ 08—2038—2008 的基础上修订完成的。

本标准主要内容有：总则；术语；基本规定；传热系数检测；热工缺陷检测；外围护结构热桥部位内表面温度检测；围护结构隔热性能检测；外表面太阳光反射比检测；外窗（阳台门）气密性能现场检测；建筑幕墙（可开启部分）气密性能现场检测；中空玻璃露点检测；中空玻璃厚度检测；门窗隔热条高度检测；中空玻璃 Low-E 膜层及其位置检测；锚栓抗拉拔强度检测；保温系统粘结性能检测；保温层厚度和密度检测；保温系统抗冲击性能检测；附录 A。

本标准修订的主要内容包括：新增外围护结构热桥部位内表面温度检测、建筑幕墙（可开启部分）气密性能现场检测、外表面太阳光反射比检测、中空玻璃露点检测、中空玻璃 Low-E 膜层及其位置检测；删除了围护结构隔热性能检测中的外表面吸收系数检测和遮阳装置检测。

各有关单位及相关人员在执行本标准过程中，若发现问题或有意见和建议，请反馈至上海市住房和城乡建设管理委员会（地址：上海市大沽路 100 号；邮编：200003；E-mail：shjsbzgl@163.com），上海市建设工程检测行业协会（地址：上海市中山南二路 777 弄 1 号楼 1201 室；邮编：200032；E-mail：scetiamq@126.com），上海市建筑建材业市场管理总站（地址：上海市小木桥路 683 号；邮编：200032；E-mail：shgcbz@163.com)，以供今后修订时参考。

主 编 单 位：上海市建设工程检测行业协会

参 编 单 位：上海众材工程检测有限公司

同济大学

上海市建筑科学研究院(集团)有限公司

上海市房地产科学研究院

主要起草人员：韩跃红 曹毅然 赵 鸣 鲍 逸 缪 群

李德荣 赵 鸿 周 云 邱 童 王占景

覃 浩 许利军 王 伶

主要审查人员：丁 峰 岳 鹏 卜 震 王汇川 范梅峰

黄立付 夏春红

上海市建筑建材业市场管理总站

目　次

Contents

1 总 则

1.0.1 为了贯彻国家和本市的节约能源政策，严格执行建筑节能设计标准，规范建筑围护结构节能现场检测工作程序，合理选择检测方法，正确评价建筑围护结构节能性能，保证检测工作质量，制定本标准。

1.0.2 本标准适用于本市新建、改建和扩建的建筑围护结构节能现场检测。

1.0.3 建筑围护结构节能现场检测，除应符合本标准外，尚应符合国家、行业和本市现行有关标准规定。

2 术 语

2.0.1 热桥 thermal bridge

围护结构中热流强度显著增大的部位。

2.0.2 热工缺陷 thermal irregularities

出现保温材料缺失、受潮、分布不均或围护结构存在空气渗透的部位。

2.0.3 建筑用热流计 heat flow meter for building

一种用于在热稳态下测量非透明建筑围护结构热流密度的传感器。

2.0.4 红外热像法 infrared thermography

采用红外热像仪对物体表面进行拍摄，根据物体表面辐射温差形成的热像图进行分析的方法。

2.0.5 隔热条 thermal barrier strip

在隔热铝合金型材中起减少热传导和结构连接作用的复合材料挤压条材。

2.0.6 中空玻璃 insulated glass unit

两片或多片玻璃以有效支撑均匀隔开并周边粘接密封，使玻璃层间形成有干燥气体空间的玻璃制品。

2.0.7 单位工程 unit project

具备独立施工条件并能形成独立使用功能的建筑物或构筑物为一个单位工程，对于规模较大的单位工程，可将其能形成独立使用功能的部分划分为一个子单位工程。

2.0.8 附加空气渗透量 volume of extraneous air leakage

除通过试件本身的空气渗透量以外，通过设备、密封膜以及各部分之间连接缝等部位的空气渗透量。

2.0.9 标准状态 standard condition

温度为 293K(20℃)、大气压力为 101.3 kPa(760 mmHg)、空气密度为 1.202 kg/m^3 的试验条件。

2.0.10 建筑反射隔热涂料(简称反射隔热涂料) solar reflective coating on building surface

以合成树脂为基料,与功能性颜填料及助剂等配制而成,施涂于建筑物外表面,在相同明度下具有较高太阳光反射比及半球发射率的建筑功能涂料。

2.0.11 非均质反射隔热涂料 heterogeneous solar reflective coating

具有非均一颜色及质感的,且具备较高太阳光反射比及半球发射率的建筑反射隔热涂料。

3 基本规定

3.1 检测的工作程序和基本要求

3.1.1 建筑围护结构节能现场检测工作程序，应按图 3.1.1 确定。

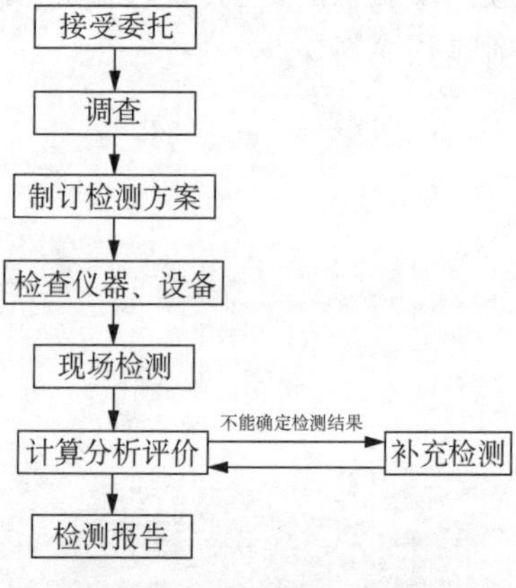

图 3.1.1 建筑围护结构节能现场检测工作程序图

3.1.2 建筑围护结构节能现场检测宜在下列有关技术文件准备齐全的基础上进行：

1 被检测对象的节能设计文件。

2 由国家或地方有关部门认可或授权的检测机构出具的玻璃、门窗及保温材料的性能检测报告（即玻璃的遮阳系数及可见光透射比、门窗传热系数及气密性、保温材料的导热系数、密度、强度和燃烧性能等级）。

3 墙体、屋面和地面的保温施工方法。

4 围护结构隐蔽工程的施工质量中间验收报告。

3.1.3 建筑围护结构节能现场检测前应制订检测方案，检测方案的主要内容包括：项目概况、检测依据、检测项目、检测方法、抽样数量、进度计划、仪器设备、协调配合措施、安全环保措施等。

3.1.4 检测中使用的测量仪器应经检定或校准。

3.1.5 采用检测单位自行研发或引进的检测仪器时，应符合下列规定：

1 该仪器必须通过技术鉴定。

2 在检测方案中应予以说明，必要时应向委托方提供检测细节。

3 应有量值溯源情况说明。

4 应具有与本标准相关技术方法要求的准确度等级及量程。

3.1.6 现场检测过程中应采取必要的安全措施。

3.2 检测的范围和抽样方案

3.2.1 建筑围护结构节能现场检测宜包括下列项目：

1 围护结构传热系数。

2 围护结构热工缺陷。

3 外围护结构热桥部位内表面温度。

4 围护结构隔热性能。

5 外表面太阳光反射比。

6 外窗（阳台门）气密性能。

7 建筑幕墙（可开启部分）气密性能。

8 中空玻璃露点。

9 中空玻璃厚度。

10 门窗隔热条高度。

11 中空玻璃 Low-E 膜层及其位置。

12 锚栓抗拉拔强度。

13 保温系统粘结性能。

14 保温层厚度和密度。

15 保温系统抗冲击性能。

3.2.2 围护结构热工性能的现场检测内容应符合下列规定：

1 围护结构传热系数的检测对象为外墙和屋面。

2 围护结构热工缺陷的检测对象为外墙、外门窗及屋面。

3 围护结构隔热性能现场检测对象为建筑物的屋面和西(东)外墙。

3.2.3 节能工程现场检测评估时，围护结构传热系数、外围护结构热桥部位内表面温度和围护结构隔热性能检测抽样方案应符合下列规定：

1 由相同施工单位完成的具有相同围护结构节能保温措施和结构体系的同一批房屋可作为一个检测总体，以层作为基本抽样单元。

2 顶层和标准层应分别进行抽样。

3 以顶层和标准层总数分别作为检测总体的容量，抽样检测的最小样本容量应按表 3.2.3 选用。委托方不得指定检测单元和位置。

表 3.2.3 围护结构节能检测的最少样本容量(个)

检测总体的容量	样本的最少容量
≤8	1
9～20	2
21～40	3
41～80	4
81～150	5
＞150	6

3.2.4 外窗(阳台门)气密性能和建筑幕墙(可开启部分)气密性能的现场实体检测，其抽样数量可在合同中约定，但合同中约定

的抽样数量不应低于本标准的要求。当无合同约定时，应按照下列规定抽样：

1 每个单位工程的外窗抽查不应少于3樘。当一个单位工程外窗有2种以上品种、类型和开启方式时，每种品种、类型和开启方式的外窗抽查不应少于3樘。对同一施工区域内的低层住宅建筑，单位建筑外窗面积在500 m^2 以下的，对同一品种、类型和开启方式，按外窗面积5 000 m^2 抽查不应少于3樘，每增加外窗面积5 000 m^2 再抽查不应少于3樘。

2 每个单位工程的阳台门抽查不应少于3樘。当一个单位工程的阳台门有2种以上品种、类型和开启方式时，每种品种、类型和开启方式的阳台门抽查不应少于3樘。

3 每个单位工程的建筑幕墙(可开启部分)抽查不应少于3樘。当一个单位工程的幕墙有2种以上品种、类型和开启方式时，每种品种、类型和开启方式的建筑幕墙(可开启部分)抽查不应少于3樘。

3.2.5 建筑围护结构热工缺陷检测，其抽样数量可在合同中约定，但合同中约定的抽样数量不应低于本标准的要求。当无合同约定时应按照下列规定抽样：

1 每个单位工程的建筑围护结构室外可按外立面面积、不同立面，抽取不应少于30%进行检测。

2 每个单位工程的建筑围护结构室内根据不同位置，按房间类型抽取不应少于10%房间进行检测。

3.2.6 外表面太阳光反射比检测的抽样数量应按下列规定进行：

1 同厂家、同品种产品，按照扣除透光围护结构面积后的墙面面积，在5 000 m^2 以内时应复验1次；当面积增加时，每增加5 000 m^2 应增加1次。

2 同工程项目、同施工单位且同时施工的多个单位工程(群体建筑)，可合并计算保温墙面抽检面积。

3.2.7 墙体节能构造及墙体保温施工质量的现场实体检测，其抽样数量可在合同中约定，但合同中约定的抽样数量不应低于本标准的要求。当无合同约定时应按照下列规定抽样：

1 同一厂家、同一品种产品，单位工程建筑面积不足 6 000 m^2（或保温面积 5 000 m^2）应抽样 1 次。

2 同一厂家、同一品种产品，单位工程建筑面积在 6 000 m^2～12 000 m^2（或保温面积 5 000 m^2～10 000 m^2）之间的，抽样不少于 2 次；单位工程建筑面积在 12 000 m^2～20 000 m^2（或保温面积 10 000 m^2～15 000 m^2）之间的，抽样不少于 3 次；单位工程建筑面积在 20 000 m^2（或保温面积 15 000 m^2）以上的，每增加 10 000 m^2（或保温面积 8 000 m^2），抽样增加不少于 1 次。

3 对同一施工区域内单体建筑面积在 500 m^2 以下的墙体节能工程，且同一厂家、同一品种的产品，按每增加建筑面积 6 000 m^2（或保温面积 5 000 m^2）抽样增加不少于 1 次。

4 对墙体节能工程中凸窗或门窗等部位的配套保温系统（如门窗外侧洞口，凸窗非透明的顶板、侧板和底板等），均按同一厂家、同一品种产品抽样不得少于 1 次。

3.3 检测报告

3.3.1 检测报告应对检测项目做出结论，并能为建筑物的相关节能指标评价提供依据。

3.3.2 检测报告应结论准确、用词规范、文字简练，对于容易混淆的概念应予以解释。

3.3.3 检测报告至少应包含下列内容：

1 委托单位名称。

2 建筑工程概况。

3 检测目的、范围。

4 检测日期，检测报告完成日期。

5 检测期间的气象数据（如温度、风速等）。

6 检测所用的仪器设备的名称及型号。

7 检测评定依据，检测项目的主要分类检测数据和汇总结果，检测部位构造详图、检测结果，检测结论。

8 其他需说明的和检测有关的内容。

9 主检、审核和批准人员的签名及签发日期。

4 传热系数检测

4.1 一般规定

4.1.1 本章适用于非透明围护结构传热系数的现场检测。

4.1.2 非透明围护结构传热系数现场检测宜采用热流计法。

4.1.3 检测区域应在构件无裂纹等结构缺陷的典型部位选取，检测区域外表面应避免阳光直射，无法避免时应进行遮挡。

4.1.4 测试前应使用红外热像仪对测试区域进行预选，传感器测点宜布置在围护结构的主体区域。

4.1.5 传热系数现场检测应避开气温剧烈变化的天气。

4.1.6 传热系数测试完成后宜采用钻取或其他合适的方法在被检区域内获取试件，检查构造，测量各层保温材料厚度，并有措施保证取样部位能及时得以修复。

4.1.7 热流和温度应采用自动检测仪检测，数据存储方式应适用于计算机分析。

4.2 仪器性能指标

4.2.1 温度传感器应符合下列规定：

1 温度传感器宜采用热电偶、铂电阻等类型温度传感器。

2 温度传感器应符合现行行业标准《温度传感器系列型谱》JB/T 7486、《气象用铂电阻温度传感器》QX/T 24 的有关规定。

4.2.2 热流计应符合下列规定：

1 热流计应符合现行行业标准《建筑用热流计》JG/T 519 的

有关规定。

2 热流计表面的辐射系数应与受检表面的接近，否则应对受检表面或热流计表面进行处理。

4.3 检测方法

4.3.1 测试时应关闭被测房间门窗，待热侧检测部位温度稳定后进行测试。

4.3.2 检测区域不应小于 1.2 m×1.2 m。

4.3.3 检测期间围护结构内外表面温差不宜小于 10℃。

4.3.4 热流计和温度传感器的安装区域应符合下列规定：

1 采用红外热像仪对待测部位进行测试，选取表面温度分布温差不大于 0.5℃的主体区域。

2 被测部位应避开热源或冷源及通风气流的影响，宜避免雨雪侵袭。

3 热流计应布置在围护结构主体区域的内表面上。

4 温度传感器应布置在围护结构主体区域的内外两侧表面上。

4.3.5 热流计和温度传感器的安装应符合下列规定：

1 热流计应直接安装在受检围护结构的内表面上，且应与内表面完全接触。

2 温度传感器在围护结构内表面应靠近热流计安装，在围护结构外表面应在相对应的位置安装，温度传感器应连同至少 100 mm 长的引线一起，紧贴在受检表面上。

4.3.6 传感器布置数量应符合下列规定：

1 待检区域应至少布置 3 个热流计。

2 每个热流计附近应布置不少于 1 个表面温度传感器，对应另一侧应布置与之数量等同的表面温度传感器。

4.3.7 检测期间，应定时记录室内外空气温度、内外表面温度和热流密度，采样间隔不宜大于 1 min，记录时间间隔不应大于 5 min。

4.3.8 检测持续时间应超过 96 h，检测期间，热侧检测部位空气温度波动应小于 1℃。

4.3.9 数据宜采用动态分析法处理。当满足下列条件时，可采用算术平均法处理：

1 非透明围护结构热阻的末次计算值与 24 h 之前的计算值相差不大于 5%。

2 检测期间内第一个 INT(2×DT/3)天内与最后一个同样长的天数内围护结构热阻的计算值相差不大于 5%。DT 为检测持续天数，INT 表示取整数部分。

4.3.10 当采用算术平均法进行数据分析时，应采用超过 96 h 的测试数据，构件测试热阻应按式(4.3.10)计算：

$$R=\frac{\sum_{j=1}^{n}(\theta_{ij}-\theta_{ej})}{\sum_{j=1}^{n}q_j} \tag{4.3.10}$$

式中：R——非透明围护结构测试热阻($m^2 \cdot K/W$)；

θ_{ij}——非透明围护结构内表面温度的第 j 次测试值(℃)；

θ_{ej}——非透明围护结构外表面温度的第 j 次测试值(℃)；

q_j——非透明围护结构热流密度的第 j 次测试值(W/m^2)。

4.3.11 非透明围护结构施工完成后在 12 个月内(含 12 个月)进行的传热系数检测，应按式(4.3.11-1)计算：

$$K=1/(R_i+1.15R+R_e) \tag{4.3.11-1}$$

非透明围护结构施工完成后在 12 个月以上进行的传热系数检测，应按式(4.3.11-2)计算：

$$K=1/(R_i+R+R_e) \tag{4.3.11-2}$$

式中：K——非透明围护结构传热系数[W/(m^2·K)]；

R_i——内表面换热阻，取 0.11 m^2·K/W；

R_e——外表面换热阻，取 0.04 m^2·K/W。

4.3.12 当采用动态分析法确定非透明围护结构热阻时，构件测试热阻计算应符合现行行业标准《围护结构传热系数现场检测技术规程》JGJ/T 357 的规定。

4.4 合格指标与判定

4.4.1 受检围护结构传热系数应满足设计图纸的规定；当设计图纸未作具体规定时，应符合国家现行有关标准的规定。

4.4.2 当受检围护结构传热系数的检测结果满足本标准第 4.4.1 条规定时，应判为合格；否则，应判为不合格。

5 热工缺陷检测

5.1 一般规定

5.1.1 建筑围护结构热工缺陷宜采用红外热像法进行检测。

5.1.2 进行建筑围护结构热工缺陷检测前宜具备下列资料：

1 红外热像仪的性能和规格型号。

2 建筑墙体的特征。

3 材料的辐射性能。

4 气候因素。

5 测试的可行性。

6 环境的影响。

7 其他重要因素。

5.2 仪器性能指标

5.2.1 红外热像仪的性能指标应满足下列条件：

1 红外热像仪及其温度测量范围应符合现场测量要求。

2 红外热像仪传感器的使用波长应处在 8.0 μm～14.0 μm 之内，传感器温度分辨率不应大于 0.08℃，温度一致性不应大于 0.5℃，测温准确度为±2℃。

3 所得图像像素范围不应小于 320×240。

4 空间分辨率不应大于 1.0 mrad。

5 所使用的红外热像仪宜具有调节焦距、温度中心点的功能。

6 热图像上应能显示多点温度及其辐射率，热图像及其温度参数宜存储、传输到计算机上。

5.2.2 红外热像仪应在下列环境下使用：

1 环境温度范围为 0℃～40℃。

2 相对湿度不应大于 75％。

3 不受阳光直射，无强电磁场。

4 测定位置、角度应对于图像处理精度影响较少。

5.3 检测方法

5.3.1 在实施红外检测前，应先进行预调查。预调查内容应符合下列要求：

1 查阅被测对象的设计图纸，确认图纸与实际建筑物的符合情况，找出可能出现判断失误的部位，通过检查建筑中安装的设备、管线等，确定被测部分的预期温度分布。

2 被测对象的基本概况。

3 被测对象的立面朝向。

4 被测对象当地气候条件。

5 被测对象周边环境。

6 被测对象外墙面的外部材料情况。

7 被测对象内部环境情况。

8 其他有关因素。

5.3.2 检测前及检测期间，环境条件应符合下列要求：

1 检测前至少 24 h 内室外空气温度的逐时值与开始检测时的室外空气温度相比，其变化不应大于 10℃。

2 检测前至少 24 h 内和检测期间，建筑物围护结构内外平均空气温度差不宜小于 10℃。

3 检测期间与开始检测时的空气温度相比，室外空气温度逐时值变化不应大于 5℃，室内空气温度逐时值变化不应大于 2℃。

4 应选择晴天、低风速的条件，且风速不宜大于 4 m/s。

5 检测开始前至少 12 h 内受检的外表面不应受到太阳直接照射，受检的内表面不应受到灯光的直接照射。

6 室外空气相对湿度不应大于 75%。

5.3.3 检测前，应采用表面式温度计在所检测的围护结构表面上测出参照温度，以此调整红外热像仪的发射率，使红外热像仪的测定结果等于参照温度；应在与目标距离相等的不同方位扫描同一个部位，检查临近物体是否对被测的围护结构表面造成影响，必要时可采取遮挡措施或者关闭室内辐射源。

5.3.4 拍摄红外图像时应符合下列要求：

1 拍摄距离宜控制在 10 m～50 m 范围内，在 50 m～200 m 的距离进行拍摄可使用长焦镜。

2 拍摄的仰角应控制在 45°以内，水平倾角宜控制在 30°以内。

3 在保证上述拍摄距离的情况下，对建筑物各立面均应分区域进行拍摄。

4 使用红外热像仪拍摄外墙面时应同时拍摄可见光照片。

5.3.5 检测外围护结构表面同一个部位的红外热像图应在不同时间(时间差宜不少于 6 h)拍摄，且不应少于 2 张，检测部位的热像图，应在报告中说明其所在的位置，并附上可见光照片。当拍摄的红外热像图中，主体区域较小时，应单独拍摄 1 张以上(含 1 张) 主体部位的红外热像图。

5.3.6 异常部位(异常部位温度与正常部位温度差大于或等于 1℃)宜通过对现场拍摄的热像图进行比较分析后确定。在热像图中出现的温度异常，经排除围护结构设计或热(冷)源、测试干扰因素、测试条件、测试方法等原因，则可判定为热工缺陷，必要时可采用内窥镜、取样等方法进行确定。

5.3.7 受检外表面的热工缺陷应采用相对面积(Ψ)评价，受检内表面的热工缺陷采用能耗增加比(β)评价，二者应分别根据式(5.3.7-1)及式(5.3.7-2)计算，其中 T_1、T_2、$T_{1,i}$、$T_{2,i}$、$A_{1,i}$、$A_{2,i}$应分别根据式(5.3.7-3)～式(5.3.7-8)计算。

$$\Psi=\frac{\sum_{i=1}^{n}A_{2,i}}{\sum_{i=1}^{n}A_{1,i}} \tag{5.3.7-1}$$

$$\beta=\Psi\left|\frac{T_1-T_2}{T_1-T_0}\right|\times 100\% \tag{5.3.7-2}$$

$$T_1=\frac{\sum_{i=1}^{n}(T_{1,i}\cdot A_{1,i})}{\sum_{i=1}^{n}A_{1,i}} \tag{5.3.7-3}$$

$$T_2=\frac{\sum_{i=1}^{n}(T_{2,i}\cdot A_{2,i})}{\sum_{i=1}^{n}A_{2,i}} \tag{5.3.7-4}$$

$$T_{1,i}=\frac{\sum_{j=1}^{m}(A_{1,i,j}\cdot T_{1,i,j})}{\sum_{j=1}^{m}A_{1,i,j}} \tag{5.3.7-5}$$

$$T_{2,i}=\frac{\sum_{j=1}^{m}(A_{2,i,j}\cdot T_{2,i,j})}{\sum_{j=1}^{m}A_{2,i,j}} \tag{5.3.7-6}$$

$$A_{1,i}=\frac{\sum_{j=1}^{m}A_{1,i,j}}{m} \tag{5.3.7-7}$$

$$A_{2,i}=\frac{\sum_{j=1}^{m}A_{2,i,j}}{m} \tag{5.3.7-8}$$

式中：Ψ——受检表面缺陷区域面积与主体区域面积的比值；

β——受检内表面由于热工缺陷所带来的能耗增加比；

T_1——受检表面主体区域（不包括缺陷区域）的平均温度（℃）；

T_2——受检表面缺陷区域的平均温度（℃）；

$T_{1,i}$——第 i 幅热像图主体区域的平均温度（℃）；

$T_{2,i}$——第 i 幅热像图缺陷区域的平均温度（℃）；

$A_{1,i}$——第 i 幅热像图主体区域的平均面积（m^2）；

$A_{2,i}$——第 i 幅热像图缺陷区域的平均面积，指 $T_{2,i}$ 与 $T_{1,i}$ 的温度差大于或等于 1℃的点所组成的面积（m^2）；

T_0——室内环境温度（℃）；

i——热像图的幅数，$i=1\sim n$；

j——每一幅热像图的张数，$j=1\sim m$。

5.4 合格指标与判定

5.4.1 受检外表面缺陷区域与主体区域面积的比值应小于 20%，且单块缺陷面积应小于 0.5 m^2。

5.4.2 受检内表面因缺陷区域导致的能耗增加比值应小于 5%，且单块缺陷面积应小于 0.5 m^2。

5.4.3 当受检外表面的检测结果满足本标准第 5.4.1 条规定时，应判为合格；否则，应判为不合格。

5.4.4 当受检内表面的检测结果满足本标准第 5.4.2 条规定时，应判为合格；否则，应判为不合格。

6 外围护结构热桥部位内表面温度检测

6.1 一般规定

6.1.1 外围护结构热桥部位内表面温度检测应在采暖系统正常运行后进行，检测期间门窗宜关闭，检测时间宜选在最冷月，且应避开气温剧烈变化的天气。

6.1.2 检测持续时间不应少于 72 h，检测数据记录间隔时间应不大于 60 min。

6.2 仪器性能指标

6.2.1 温度传感器宜采用热电偶、铂电阻等类型温度传感器。

6.2.2 温度传感器应符合现行行业标准《温度传感器系列型谱》JB/T 7486、《气象用铂电阻温度传感器》QX/T 24 的有关规定。

6.3 检测方法

6.3.1 检测外围护结构热桥部位内表面温度时，内表面温度测点应选在热桥部位温度最低处，具体位置可采用红外热像仪确定。

6.3.2 内表面温度传感器应连同至少 100 mm 长的引线一起，紧贴在受检表面上。传感器表面的辐射系数应与受检表面基本相同。

6.3.3 室内空气温度测点布置应符合下列规定：

1 当受检房间使用面积大于或等于 30 m^2时，应设置 2 个测点。

2 测点应设于室内活动区域，且距地面或楼面 700 mm～1 800 mm 范围内有代表性的位置。

3 温度传感器不应受到太阳辐射或室内热源的直接影响。

6.3.4 室外空气温度测点布置应符合下列规定：

1 室外空气温度传感器应设置在外表面为白色的百叶箱内，百叶箱应放置在距离建筑物 5 m～10 m 范围内；当无百叶箱时，室外空气温度传感器应设置防辐射罩，安装位置距外墙外表面宜大于 200 mm，且宜在建筑物 2 个不同方向同时设置测点。

2 超过 10 层的建筑宜在屋顶加设 1 个～2 个测点。

3 温度传感器距地面的高度宜在 1 500 mm～2 000 mm 的范围内，且应避免阳光直接照射和室外固有冷热源的影响。

6.3.5 室内平均温度应按式(6.3.5-1)计算：

$$t_{\mathrm{rm}}=\frac{\sum_{i=1}^{n} t_{\mathrm{rm},i}}{n} \tag{6.3.5-1}$$

$$t_{\mathrm{rm},i}=\frac{\sum_{j=1}^{p} t_{i,j}}{p} \tag{6.3.5-2}$$

式中：t_{rm}——受检房间的室内平均温度(℃)；

$t_{\mathrm{rm},i}$——受检房间第 i 个室内温度逐时值(℃)，应按式(6.3.5-2)计算；

n——受检房间的室内温度逐时值的个数；

$t_{i,j}$——受检房间第 j 个测点的第 i 个室内温度逐时值(℃)；

p——受检房间布置的温度测点的点数。

6.3.6 室内外计算温度条件下外围护结构热桥部位内表面温度应按式(6.3.6)计算：

$$\theta_{\mathrm{I}}=t_{\mathrm{d}i}-\frac{t_{\mathrm{rm}}-\theta_{\mathrm{Im}}}{t_{\mathrm{rm}}-t_{\mathrm{em}}}(t_{\mathrm{d}i}-t_{\mathrm{de}}) \tag{6.3.6}$$

式中：θ_I——室内外计算温度条件下热桥部位内表面温度(℃)；

θ_{Im}——检测持续时间内热桥部位内表面温度逐时值的算术平均值(℃)；

t_{em}——检测持续时间内室外空气温度逐时值的算术平均值(℃)；

t_{di}——冬季室内计算温度(℃)，应根据具体设计图纸确定或符合现行国家标准《民用建筑热工设计规范》GB 50176 的规定；

t_{de}——围护结构冬季室外计算温度(℃)，应根据具体设计图纸确定或符合现行国家标准《民用建筑热工设计规范》GB 50176 的规定。

6.4 合格指标与判定

6.4.1 在室内外计算温度条件下，外围护结构热桥部位的内表面温度不应低于室内空气露点温度。

6.4.2 室内空气露点温度可按本标准附录 A 湿空气焓湿图确定，在确定室内空气露点温度时，室内空气相对湿度应为 60%。

6.4.3 当受检部位的检测结果满足本标准第 6.4.1 条规定时，应判为合格；否则，应判为不合格。

7 围护结构隔热性能检测

7.1 一般规定

7.1.1 围护结构隔热性能检测应选择在夏季进行，检测持续时间不少于 24 h，数据记录时间间隔不应大于 60 min。

7.1.2 检测期间室外气候条件应符合下列规定：

1 检测开始前 2 天及检测日应为晴天(或少云)天气。

2 检测日室外最高空气温度宜在 34.1℃～38.1℃之间。

3 检测日室外风速不应超过 5.4 m/s。

7.1.3 受检围护结构内表面所在房间应有良好的自然通风环境，围护结构外表面的直射阳光在白天不应被其他物体遮挡，检测时房间的门窗应全部开启。

7.2 仪器性能指标

7.2.1 温度传感器宜采用热电偶、铂电阻等类型温度传感器。

7.2.2 温度传感器应符合现行行业标准《温度传感器系列型谱》JB/T 7486、《气象用铂电阻温度传感器》QX/T 24 的有关规定。

7.3 检测方法

7.3.1 检测时应同时记录室内、外空气温度，受检围护结构内、外表面温度，室外风速，室外太阳辐射强度。

7.3.2 内外表面温度传感器应对称布置在受检外围护结构主体

部位的两侧，与热桥部位的距离应大于墙体(屋面)厚度的 3 倍以上，每侧温度测点应至少各布置 3 点，其中一点应布置在接近检测面中央的位置。室外空气温度测点宜置于百叶箱内。

7.3.3 内表面逐时温度应取内表面所有测点相应时刻检测结果的平均值。

7.4 合格指标与判定

7.4.1 夏季建筑外墙和屋面的内表面逐时温度最高值不应高于室外逐时空气温度最高值。

7.4.2 当受检部位的检测结果满足本标准第 7.4.1 条规定时，应判为合格；否则，应判为不合格。

8 外表面太阳光反射比检测

8.1 一般规定

8.1.1 太阳光反射比的现场检测应采用相对光谱法或辐射积分法，仲裁判定时应选用相对光谱法。

8.1.2 检测点表面应干燥并应避免阳光直接照射，涂层表面应干燥，表面质感或拉毛凸起不应大于 2.0 mm。

8.1.3 现场检测环境应符合下列规定：

1 现场检测环境的温度宜为 5℃～35℃。

2 现场检测环境的相对湿度不宜高于 80%。

3 现场检测应避免在雨、雾天气进行。

4 环境风速宜小于 5 m/s。

8.2 仪器性能指标

8.2.1 用于反射隔热涂料太阳光反射比及明度测试的检测设备（便携式光谱仪）应由光纤光谱仪、光源（卤钨灯）、光纤、积分球和标准白板组成。其中光纤光谱仪波长范围应为 300 nm～2 500 nm，在 300 nm～1 100 nm 波长范围内精度不应低于 0.5 nm，在 1 100 nm～2 500 nm 波长范围内精度不应低于 3.2 nm。

8.2.2 检测设备应具有抗振动、抗干扰和防尘等性能。

8.3 检测方法

8.3.1 反射隔热涂料每一批次现场检测应随机选择 3 组测样，每组应至少选择 3 个测点，每两个测点间隔不宜小于 500 mm。

8.3.2 当采用非均质反射隔热涂料时，应对涂层表面平均分布的至少 10 个位置进行测量，并应记录太阳光反射比、近红外反射比及明度值。

测点布置应如图 8.3.2 所示，应将样板平均分割为 16 个测试区域，分别在区域中心选择测点，每个测点间距应不小于 50 mm。

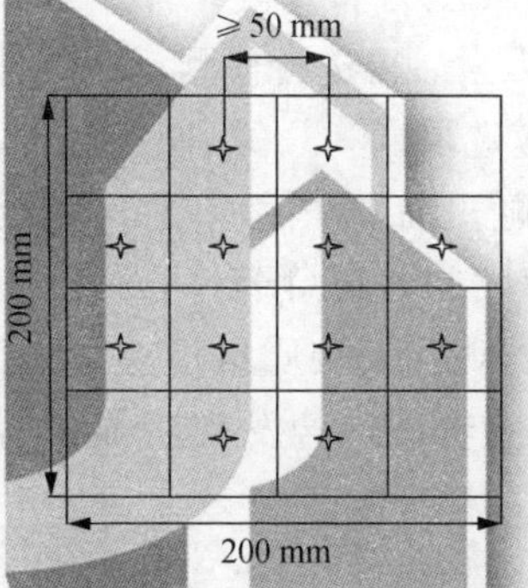

图 8.3.2 测点布置图

8.3.3 每个测点应同时检测太阳光反射比、近红外反射比和明度值，每组测定的算术平均值应作为本组检测值，太阳光反射比和近红外反射比应精确至 0.01，明度值应精确至 0.1。

8.4 合格指标与判定

8.4.1 每组太阳光反射比、近红外反射比现场检测值不应低于设计值的 90%。

8.4.2 当受检部位的检测结果满足本标准第 8.4.1 条规定时，应判为合格；否则，应判为不合格。

9 外窗(阳台门)气密性能现场检测

9.1 一般规定

9.1.1 检测现场室外风速不得大于 3 m/s,并应测定和记录当时环境温度、风速、大气压力和气候条件。当环境条件影响检测结果时,应排除干扰因素后再进行检测,并应在报告中注明。

9.1.2 检测试件应选取同一厂家,同一品种、类型的 3 樘产品为 1 组。每栋建筑应随机抽取 3 樘,不足 3 樘时应全部进行检测。

9.1.3 查阅受检房间的外窗(阳台门)节能工程施工质量验收资料,并应进行实地外观和安装质量检查,外窗(阳台门)连续开闭 5 次应保持正常工作状态;若发现明显质量缺陷,应停止检测工作。

9.2 仪器性能指标

9.2.1 现场利用透明膜、围护结构和外窗形成静压箱,通过供风系统从静压箱抽风或向静压箱吹风的方法,在检测对象两侧形成正压差或负压差。在静压箱引出测量孔测量压差,在管路上安装流量测量装置测量空气渗透量。透明膜的强度及其与围护结构之间的连接强度应满足检测要求;当供风系统从静压箱抽风时,应采取措施使透明膜不被吸附到试件上。

9.2.2 检测装置的安装应按照使用说明书的步骤要求进行。安装完毕后,应检查检测装置自身及墙体的连接状况,确保安装的密封性能和足够的强度。

9.2.3 测量系统包括空气流量及压力差测量装置,并应满足下列要求:

1 空气流量计的测量误差应小于示值的5%。

2 压差计的测量误差应小于示值的2%。

9.2.4 检测装置如图9.2.4所示。

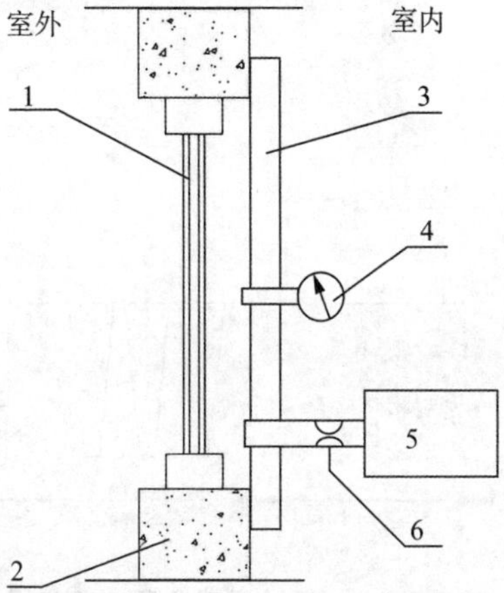

1—外窗(阳台门);2—围护结构;3—透明膜;
4—差压传感器;5—供风系统;6—流量传感器

图9.2.4 检测装置示意图

9.3 检测方法

9.3.1 气密性能检测前,应在室内侧测量外窗(阳台门)面积、开启缝长,弧形窗、折线窗应按展开面积计算。

9.3.2 检测装置附加空气渗透量的现场测定应符合下列规定:

1 对选取的每樘外窗(阳台门)均应进行附加空气渗透量的现场测定。

2 从受检外窗（阳台门）的室外侧或室内侧，将外窗（阳台门）缝用密封胶带进行密封处理，确保完全密封。

3 从室内侧用透明塑料膜覆盖整个外窗（阳台门）范围并沿外窗（阳台门）边框处密封，密封膜不应重复使用。

4 气密性能检测压差顺序如图 9.3.2 所示，并按下列步骤进行：

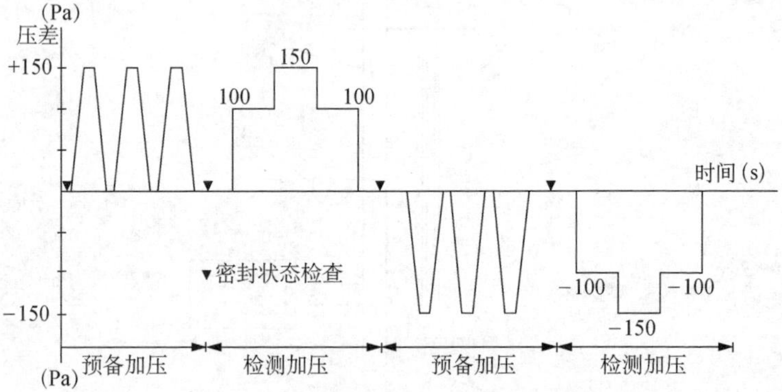

图 9.3.2 加压减压工况压差顺序图

1） 预备加压：正负压检测前，分别施加 3 个压差脉冲，压差绝对值为 150 Pa，加压速度约为 50 Pa/s。压差稳定作用时间不少于 3 s，泄压时间不少于 1 s，检查透明膜的密封状态。

2） 附加渗透量的测定：按图 9.3.2 所示逐级加压，每级压力作用时间约 10 s，先逐级正压，后逐级负压。记录各级测量值。

9.3.3 正负压差下受检外窗（阳台门）总渗透量的检测应符合以下规定：

除去粘贴在外窗（阳台门）室外侧或室内侧的密封胶带，密封胶带粘贴在外窗（阳台门）室内侧的，应采取措施保证外窗（阳台门）室内侧的透明塑料膜再次密封完整。应分别对选取的每樘外窗(阳台门)进行检测,检测顺序应按照本标准第 9.3.2 条第 4 款执行。

9.3.4 检测值的计算应符合下列规定:

1 应分别计算升压和降压过程中,在 100 Pa 压差下的 2 个附加空气渗透量测定值的平均值$\overline{q}_f$ 和 2 个总渗透量测定值的平均值$\overline{q}_z$。外窗(阳台门)试件本身 100 Pa 压力差下的空气渗透量 q_t(m^3/h)应按式(9.3.4-1)计算:

$$q_t=\overline{q}_z-\overline{q}_f \tag{9.3.4-1}$$

应再按式(9.3.4-2)将 q_t 换算成标准状态下的渗透量 q'(m^3/h)值:

$$q'=\frac{293}{101.3}\times\frac{P}{T}\times q_t \tag{9.3.4-2}$$

式中:q'——标准状态下通过试件空气渗透量值(m^3/h);

P——检测现场大气压力值(kPa);

T——检测装置附近的室内空气温度(K);

q_t——升压和降压过程中,在 100 Pa 压差下渗透量测定值的平均值(m^3/h)。

2 应按式(9.3.4-3)和式(9.3.4-4)分别计算在 100 Pa 压差下单位缝长空气渗透量 q'_1 和单位面积空气渗透量 q'_2。

$$q'_1=\frac{q'}{L_w} \tag{9.3.4-3}$$

$$q'_2=\frac{q'}{A_w} \tag{9.3.4-4}$$

式中:q'_1——在 100 Pa 压差下,单位缝长空气渗透量[$m^3/(h\cdot m)$];

q'_2——在 100 Pa 压差下,单位面积空气渗透量[$m^3/(h\cdot m^2)$];

L_w——检测对象开启缝长(m);

A_w——检测对象面积(m^2)。

9.3.5 分级指标值的确定应符合下列规定：

1 为了保证分级指标值的准确度，采用由 100 Pa 检测压力差下的测定值$\pm q_1'$值或$\pm q_2'$值，按式(9.3.5-1)或式(9.3.5-2)换算为 10 Pa 检测压力差下的相应值$\pm q_1$值或$\pm q_2$值。

$$\pm q_1 = \frac{\pm q_1'}{4.65} \tag{9.3.5-1}$$

$$\pm q_2 = \frac{\pm q_2'}{4.65} \tag{9.3.5-2}$$

式中：q_1——标准状态下，外窗(阳台门)内外压差为 10 Pa 时，建筑物外窗(阳台门)单位缝长空气渗透量[$m^3/(h \cdot m)$]；

q_2——标准状态下，外窗(阳台门)内外压差为 10 Pa 时，建筑物外窗(阳台门)单位面积空气渗透量[$m^3/(h \cdot m^2)$]。

2 应将 3 樘试件的$\pm q_1$值或$\pm q_2$值分别平均后对照现行国家标准《建筑幕墙、门窗通用技术条件》GB/T 31433 确定按照缝长和按照面积各自所属等级。最后应取二者中的不利级别为该组试件所属等级。正、负压测值应分别定级。

9.4 合格指标与判定

9.4.1 外窗(阳台门)与外墙周边的结合部位应严密，现场安装的外窗(阳台门)气密性能检测结果不应低于工程设计值的要求。

9.4.2 当受检外窗(阳台门)气密性能检测结果满足本标准第 9.4.1 条规定时，应判为合格。

9.4.3 当受检外窗(阳台门)气密性能检测结果不满足本标准第 9.4.1 条规定时，应扩大 1 倍数量抽样再次检测。检测结果全部满足本标准第 9.4.1 条规定时，应判为合格；有 1 组不符合要求，则判为不合格。当检测数量不足 3 樘时，应全部满足工程设计值时才判为合格；有 1 樘不符合要求，则判为不合格。

10 建筑幕墙(可开启部分)气密性能现场检测

10.1 一般规定

10.1.1 建筑幕墙(可开启部分)气密性能现场检测宜在幕墙工程的室内侧进行。

10.1.2 气密性能现场检测的室外温度不应低于5℃,风速不应大于5.0 m/s,应无降水,检测时应记录试件室内侧、室外侧的大气压和温度。当温度、风速、降雨等环境条件影响检测结果时,应排除干扰因素后继续检测,并在报告中注明。

10.1.3 建筑幕墙可开启部分及连接部分应安装完毕达到正常使用状态。检测前,应将试件可开启部分开关不少于5次,最后关紧。应保持正常工作,若发现明显质量缺陷应停止检测工作。

10.1.4 检测试件应选取同一厂家,同一品种、类型的3樘产品可开启部分为1组。每栋建筑应随机抽取3樘,不足3樘时应全部进行检测。

10.2 仪器性能指标

10.2.1 气密性能现场检测装置应包括压力箱、供压系统、压差传感器和流量差传感器,压力箱可由透明膜、幕墙开启部分及幕墙开启扇周边结构组成。透明膜的强度及其与幕墙开启扇周边结构之间的连接强度应满足检测要求,实验过程中应保证静压箱各连接处密封良好,当供风系统从静压箱抽风时,应采取措施使透明膜不被吸附到玻璃上。

10.2.2 检测装置的安装应按照使用说明书的步骤要求进行。安装完毕后,应表观检查检测装置自身以及固定幕墙的连接状况,确保安装的密封性能和足够的强度。

10.2.3 检测装置如图 10.2.3 所示。

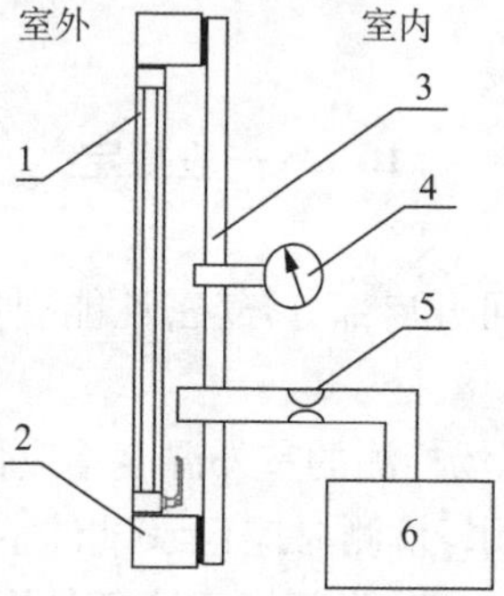

1— 幕墙可开启部分；2— 幕墙开启扇周边结构；
3— 静压箱密封透明膜；4— 差压传感器；
5— 流量传感器；6— 供风系统

图 10.2.3 检测装置示意图

10.2.4 测量系统包括空气流量及压力差测量装置,并应满足下列要求:

1 空气流量计的测量误差应小于示值的 5%。

2 压差计的测量误差应小于示值的 2%。

10.3 检测方法

10.3.1 气密性检测前,应在室内侧测量幕墙可开启部分缝长。

10.3.2 检测装置附加空气渗透量的现场测定应符合下列规定:

1 对选取的每樘幕墙开启扇都应检测附加空气渗透量。

2 从受检开启扇的室外侧或室内侧,将缝隙用密封胶带进行密封处理,应确保开启扇的完全密封。

3 从室内侧用透明塑料膜覆盖整个开启扇范围并沿边框处密封，密封膜不应重复使用。

4 气密性能检测压差顺序如图 9.3.2 所示，并按下列步骤进行：

1） 预备加压：正负压检测前，分别施加 3 个压差脉冲，压差绝对值为 150 Pa，加压速度约为 50 Pa/s。压差稳定作用时间不少于 3 s，泄压时间不少于 1 s，检查透明膜的密封状态。

2） 附加渗透量的测定：按图 9.3.2 所示逐级加压，每级压力作用时间约 10 s，先逐级正压，后逐级负压。记录各级测量值。

10.3.3 正负压差下受检幕墙开启部位总渗透量的检测应符合以下规定：

除去粘贴在幕墙开启扇室外侧或室内侧的密封胶带，密封胶带粘贴在开启扇室内侧的，应采取措施保证开启扇室内侧的透明塑料膜再次密封完整。应分别对选取的幕墙开启扇进行检测，检测顺序应按照本标准第 10.3.2 条第 4 款执行。

10.3.4 检测值的计算应符合下列规定：

1 应分别计算出正压检测升压和降压过程中在 100 Pa 压差下的两次附加空气渗透量检测值的平均值$\overline{q}_f$、两次总渗透量检测值的平均值$\overline{q}_z$。应按式（10.3.4-1）计算 100 Pa 压差下幕墙可开启部分的空气渗透量 q_k：

$$q_k=\overline{q}_z-\overline{q}_f \tag{10.3.4-1}$$

式中：q_k——幕墙可开启部分的空气渗透量（m^3/h）；

$\overline{q}_z$——两次总渗透量检测值的平均值（m^3/h）；

$\overline{q}_f$——两次附加空气渗透量检测值的平均值（m^3/h）。

2 应按照式（10.3.4-2）将 q_k 换算成标准状态下的渗透量 q 值。

$$q=\frac{293}{101.3}\times\frac{P}{T}\times q_k \tag{10.3.4-2}$$

式中：q——标准状态下通过试件可开启部分空气渗透量(m^3/h)；

P——检测现场大气压力值(kPa)；

T——检测装置附近的室内空气温度值(K)。

3 应按式(10.3.4-3)计算在 100 Pa 压差作用下，幕墙试件可开启部分单位开启缝长的空气渗透量 q' 值：

$$q' = \frac{q}{L} \tag{10.3.4-3}$$

式中：q'——幕墙可开启部分单位缝长的空气渗透量[$m^3/(m \cdot h)$]；

L——幕墙可开启部分缝长(m)。

4 负压检测时的结果，也可采用同样的方法，可分别按式(10.3.4-1)～式(10.3.4-3)进行计算。

10.3.5 分级指标值的确定应符合以下规定：

应采用由 100 Pa 检测压差作用下的计算值 $\pm q'$，按式(10.3.5)换算为 10 Pa 压差作用下的相应值 $\pm q_L$：

$$\pm q_L = \frac{\pm q'}{4.65} \tag{10.3.5}$$

式中：q_L——10 Pa 压差作用下单位开启缝长空气渗透量[$m^3/(m \cdot h)$]。

建筑幕墙(可开启部分)的气密性能，以 10 Pa 压差作用下检测对象单位缝长空气渗透量进行评价，检测结果取 3 个试件的算术平均值，气密性能分级值应符合现行国家标准《建筑幕墙、门窗通用技术条件》GB/T 31433 的规定，最后取正负压二者中的不利级别为该组试件所属等级。

10.4 合格指标与判定

10.4.1 现场测得的建筑幕墙(可开启部分)气密性能检测结果不应低于工程设计值的要求。

10.4.2 当受检建筑幕墙(可开启部分)气密性能检测结果满足本标准第10.4.1条规定时,应判为合格。

10.4.3 当建筑幕墙(可开启部分)气密性能检测结果不满足本标准第10.4.1条规定时,应扩大1倍数量抽样再次检测。检测结果全部满足本标准第10.4.1条规定时,应判为合格;有1组不符合要求,则判为不合格。当检测数量不足3樘时,应全部满足工程设计值时才判为合格;有1樘不符合要求,则判为不合格。

11 中空玻璃露点检测

11.1 一般规定

11.1.1 中空玻璃露点检测时，室外环境温度应小于35℃，应避免太阳直射。

11.1.2 检测试件应选取同一厂家、同一品种和类型的3块产品为1组，不足3块时应全部进行检测。

11.2 仪器性能指标

11.2.1 用于检测中空玻璃露点的可调温露点仪的温度范围应为−60℃～0℃。

11.2.2 用于检测中空玻璃露点的可调温露点仪的温度测试精度应为±1℃。

11.3 检测方法

11.3.1 中空玻璃露点的现场检测应按下列步骤进行：

1 向可调温露点仪内部加入足量干冰，使其冷端温度下降到所需测试温度范围内。

2 调整调节环，使冷端温度保持在所需测试温度范围内。

3 用无水乙醇或丙酮擦拭中空玻璃被测区域及可调温露点仪冷端。

4 将玻璃真空吸盘支架通过玻璃真空吸盘吸附到被测中空

玻璃的测试区域。

5 将可调温露点仪安放到玻璃真空吸盘支架上，调整可调温露点仪使测试区域与可调温露点仪冷端完全接触，试样与冷端之间不应存在缝隙。放置方式如图 11.3.1 所示。

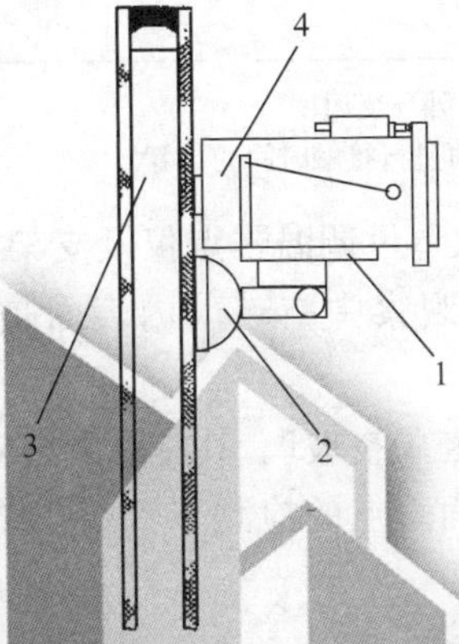

1—玻璃真空吸盘支架；2—玻璃真空吸盘；
3—中空玻璃；4—露点仪

图 11.3.1 中空玻璃露点现场检测示意图

6 调整调节环，使冷端温度保持稳定，波动幅度在±2℃范围内。

7 开始计时，测试时间应不小于表 11.3.1 中规定值。

表 11.3.1 露点测试时间

单片玻璃厚度(mm)	接触时间(min)	
	环境温度≤25℃	环境温度>25℃
≤4	3	3+[(*t*−25)/5]
5	4	4+[(*t*−25)/5]
6	5	5+[(*t*−25)/5]

续表11.3.1

单片玻璃厚度(mm)	接触时间(min)	
	环境温度≤25℃	环境温度>25℃
8	7	$7+1.5\times[(t-25)/5]$
≥10	10	$10+1.5\times[(t-25)/5]$

注：1. t 为测试时的室外环境温度。
2. 结果取整数后再进行接触时间的计算。

8 计时结束，取下可调温露点仪及支架，用乙醇或丙酮擦拭试样测试区域，立即观察中空玻璃内表面是否出现结露或结霜现象。

11.3.2 对于三玻两腔中空玻璃，其露点测试应分别测试中空玻璃的两个表面，每个表面露点的检测步骤应按照本标准第11.3.1条执行。

11.4 合格指标与判定

11.4.1 对选取的中空玻璃，其露点应全部低于－40℃。

11.4.2 当受检中空玻璃的检测结果满足本标准第11.4.1条规定时，应判为合格；否则，应判为不合格。

12 中空玻璃厚度检测

12.1 一般规定

12.1.1 对于建筑工程中使用的中空玻璃，其总厚度应符合现行国家标准《中空玻璃》GB/T 11944 的规定，单片玻璃厚度应符合现行国家标准《平板玻璃》GB 11614 的规定，中空玻璃构造应符合有关设计规定。

12.1.2 检测试件选取同一厂家、同一品种和类型的 3 块产品为 1 组，不足 3 块时应全部进行检测。

12.2 仪器性能指标

12.2.1 用于检测中空玻璃厚度的游标卡尺的精度应不低于 0.02 mm。

12.2.2 用于检测中空玻璃厚度的中空玻璃测厚仪的精度应不低于 0.1 mm。

12.3 检测方法

12.3.1 中空玻璃安装或组装前，可在被检玻璃每边的中点采用游标卡尺，分别测出中空玻璃的每一层玻璃厚度、空气间隔层厚度以及总厚度，每块中空玻璃的厚度取各边中点测量值的平均值，最终检测结果取 3 块中空玻璃的平均值，精确到 0.1 mm。

12.3.2 对于已安装的中空玻璃，在距离玻璃可视边部不大于

50 mm的玻璃表面中点采用中空玻璃测厚仪，分别测出中空玻璃的每一层玻璃厚度、空气间隔层厚度以及总厚度，每块中空玻璃的厚度取各边中点测量值的平均值，最终检测结果取3块中空玻璃的平均值，精确到0.1mm。

12.4 合格指标与判定

12.4.1 对选取的3块中空玻璃，其玻璃厚度、空气间隔层厚度、总厚度全部符合设计规定，以及符合现行国家标准《中空玻璃》GB/T 11944、《平板玻璃》GB 11614规定时，应判为合格。如其中有1块中空玻璃厚度不符合上述要求，则抽取双倍试样再次检测，检测结果满足要求应判为合格；仍然不符合要求的，应判为不合格。

12.4.2 如首次检测出现2块中空玻璃的玻璃厚度、空气间隔层厚度、总厚度不符合设计规定以及现行国家标准《中空玻璃》GB/T 11944、《平板玻璃》GB 11614规定时，则应直接判为不合格。

13 门窗隔热条高度检测

13.1 一般规定

13.1.1 查阅受检房间的门窗节能工程施工质量验收资料，并应进行实地外观和安装质量检查，门窗应保持正常工作状态，若发现明显质量缺陷应停止检测工作。

13.1.2 隔热条高度现场检测应在同一厂家、同一品种和类型的门窗框料和扇料上分别进行检测，每组对应一根隔热型材。

13.2 仪器性能指标

13.2.1 用于检测门窗隔热条高度的游标卡尺，其精度不应低于0.02 mm。

13.2.2 钻孔机打孔直径范围宜为3 mm～6 mm。

13.3 检测方法

13.3.1 将门窗开启部分打开，检查门窗隔热型材的隔热材料及形式。在门窗隔热型材上随机抽取1处按本标准第13.3.2条的方法检测隔热条高度。

13.3.2 在门窗隔热型材可视侧的A区域和B区域采用手枪钻进行钻孔，钻到露出隔热条为止，确保A和B钻孔中心连线与隔热条长度方向垂直，采用游标卡尺测量隔热条两端部距离，为隔热条高度 h，精确到0.1 mm，钻孔及测量如图13.3.2所示。

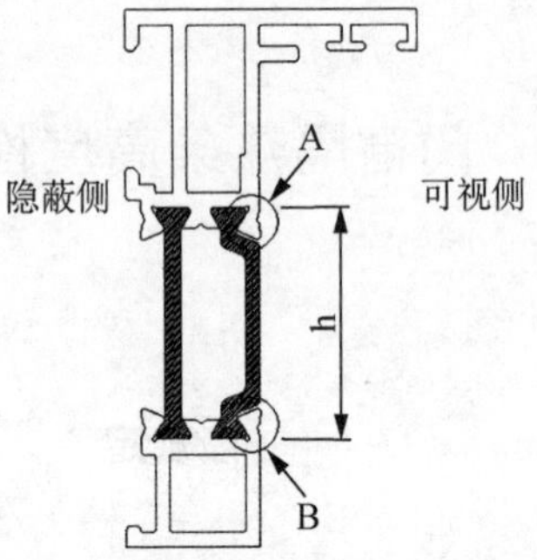

图 13.3.2 门窗隔热条高度检测示意图

13.3.3 检测完成后可采用颜色相近的硅酮密封胶对钻孔进行密封处理。修补后宜在钻孔部位挂贴注有“隔热条高度检测钻孔点”的标志牌。

13.4 合格指标与判定

13.4.1 受检门窗隔热型材的隔热条高度不应低于设计值。

13.4.2 当受检门窗隔热型材的隔热条高度检测结果满足本标准第 13.4.1 条的规定时，应判为合格；否则，应判为不合格。

14 中空玻璃 Low-E 膜层及其位置检测

14.1 一般规定

14.1.1 中空玻璃镀膜安装方向、规格、性能应符合设计要求。

14.1.2 检测试件应选取同一厂家、同一品种和类型的 3 块中空玻璃为 1 组,不足 3 块时应全部进行检测。

14.2 仪器性能指标

14.2.1 用于检测玻璃 Low-E 膜层及其位置的 Low-E 膜面鉴别仪,采用感应式原理,无探针,不破坏被测膜层,能判断单片玻璃、中空玻璃是否镀有 Low-E 膜,仪器表面有显示 Low-E 膜位置的指示灯。

14.3 检测方法

14.3.1 检测前,应确保被检中空玻璃外观质量良好,无异常现象。

14.3.2 检测时,应直接将 Low-E 膜面鉴别仪置于选取的玻璃表面中部区域,打开开关,根据仪器显示情况进行判断是否存在 Low-E 膜及 Low-E 膜所处位置,室外侧及室内侧均应进行检测,并应记录 Low-E 膜层处于第几面(从中空玻璃室外侧起算)。

14.4 合格指标与判定

14.4.1 对选取的3块中空玻璃，其Low-E膜层及其位置应全部符合设计要求。

14.4.2 当受检中空玻璃Low-E膜层及其位置的检测结果满足第14.4.1条的规定时，应判为合格；否则，应判为不合格。

15 锚栓抗拉拔强度检测

15.1 一般规定

15.1.1 现场准备工作应符合下列规定：

1 应选择不同的典型基层墙体进行锚栓拉拔试验。

2 每种典型基层墙体应至少选择 5 个锚栓进行拉拔。

15.1.2 记录及报告内容应符合下列规定：

1 记录拉拔仪最大读数。

2 记录锚栓破坏状况。

3 报告中应给出锚栓的型号、尺寸、规格、锚固长度、逐个锚栓的破坏状况和拉拔力。

15.1.3 锚栓施工完成后应检查锚栓的完好状况、分布位置和单位面积数量。

15.2 仪器性能指标

15.2.1 拉拔仪的读数分辨率宜为 0.01 kN，最大试验拉力宜为 5 kN～10 kN。

15.2.2 拉拔仪拉拔锚栓应配有合适的夹具，应满足现场拉拔行程和受力接触的要求。

15.3 检测方法

15.3.1 锚栓抗拉拔强度检测步骤应符合下列规定：

1 局部切割保温层,露出锚栓,露出长度应足够安装夹具。

2 安装夹具及拉拔仪。

3 均匀对拉拔仪加力,直至最大读数出现。

15.3.2 锚栓拉拔数量最少应有 5 个,当拉拔数量少于 10 个时,应取最小值为检测值。

15.3.3 当拉拔点数不少于 10 个时,应对破坏荷载值进行数理统计分析,假设其为正态分布,并计算标准偏差。根据试验数据按照式(15.3.3)计算锚栓抗拉承载力标准值 $F_{5\%}$:

$$F_{5\%}=\bar{F}\times(1-k_s\times v) \tag{15.3.3}$$

式中:$F_{5\%}$——单个锚栓抗拉承载力标准值(kN);

$\bar{F}$——试验数据平均值(kN);

k_s——系数,$n=10$ 时,$k_s=2.568$,$n=15$ 时,$k_s=2.329$;

v——变异系数(试验数据标准偏差与算术平均值的绝对值之比)。

抗拉承载力检测值应取标准值与最小值的较大值,即 $F=\max(F_{5\%}, F_{min})$。

15.4 合格指标与判定

15.4.1 受检锚栓抗拉承载力检测值应符合现行有关标准的规定。

15.4.2 当受检锚栓抗拉承载力的检测结果满足本标准第 15.4.1 条的规定时,应判为合格;否则,应判为不合格。

15.4.3 锚栓的分布位置和数量应满足设计要求和国家现行有关标准的规定。

16 保温系统粘结性能检测

16.1 一般规定

16.1.1 现场准备工作应符合下列规定：

1 清洁拉拔试验区域的表面。

2 采用快干环氧树脂胶粘剂将拉拔标准块粘于外保温系统的面层上，并用胶带或者其他方法固定，不使标准块滑落。

3 环氧树脂胶粘剂固化应按产品说明操作，具有足够强度后才能进行拉拔。

4 检测应在保温层施工完成 28 d 后进行。

16.1.2 取样位置应符合下列规定：

1 内保温系统与外保温系统应分别取样。

2 保温系统粘结强度检测应选择 6 个测点进行粘结性能检测。面砖饰面层粘结强度检测应选择 3 个测点进行粘结性能检测。

3 面砖饰面层粘结强度检测宜采用标准块尺寸为 40 mm×40 mm 或 95 mm×45 mm，保温系统各层之间粘结强度检测宜采用标准块尺寸为 100 mm×100 mm。

16.2 仪器性能指标

16.2.1 拉拔仪的读数分辨率宜为 0.01 kN，最大试验拉力宜为 5 kN～10 kN。

16.2.2 拉拔仪现场检测应配置满足面层拉拔的配件。

16.3 检测方法

16.3.1 采用便携式切割机沿标准块边缘切割，切割深度应符合下列规定：

1 若检测保温系统粘结强度，切割深度到达墙体基层位置。

2 若针对面砖粘结强度，切割深度至面砖胶粘层，按现行行业标准《建筑工程饰面砖粘结强度检测标准》JGJ/T 110 的要求执行。

16.3.2 安装拉拔仪，与拉拔标准块连接。

16.3.3 均匀对拉拔仪施加力，直至系统破坏或面砖脱离。

16.3.4 面砖饰面层粘结强度检测值的处理应符合现行行业标准《建筑工程饰面砖粘结强度检测标准》JGJ/T 110 的要求；保温系统粘结性能检测值的处理应符合下列规定：

1 记录 6 个试件的读数及破坏状况。

2 粘结强度的计算应按式(16.3.4-1)计算：

$$f_i=\frac{P_i}{A_i}\times 10^3 \tag{16.3.4-1}$$

式中：f_i——第 i 个试样粘结强度(MPa)，精确至 0.1 MPa；

P_i——第 i 个试样粘结破坏力(kN)，精确至 0.01 kN；

A_i——第 i 个试样断面面积(mm^2)，精确至 1 mm^2。

粘结强度推定值应按式(16.3.4-2)计算：

$$f_m=\frac{1}{n}\sum_{i=1}^{n}f_i \tag{16.3.4-2}$$

式中：f_m——实测粘结强度(MPa)，精确至 0.1 MPa；

n——有效测点个数，去掉最大、最小两个数据。

16.4 合格指标与判定

16.4.1 饰面砖的粘结性能应符合现行行业标准《建筑工程饰面

砖粘结强度检测标准》JGJ/T 110 的规定,保温系统粘结性能检测值应符合国家现行有关标准的规定。

16.4.2 当受检保温系统粘结性能的检测结果满足本标准第16.4.1条规定时,应判为合格,否则应判为不合格。

16.4.3 在检测数据中,参与评定的数据如仅出现一个零值,需进行加倍检测,检测结果满足本标准第 16.4.1 条规定时,应判为合格;否则,应判为不合格。参与评定的数据如出现多个零值,则判为不合格。

17 保温层厚度和密度检测

17.1 一般规定

17.1.1 保温层的厚度及隔热做法,应采用钻芯试验的方法进行检测。

17.1.2 钻芯检测保温层节能构造应在外墙施工完工后、节能分部工程验收前进行。

17.1.3 钻芯检测外墙节能构造应在监理(建设)人员见证下实施。

17.1.4 当钻取的芯样不规整到难以准确判断节能构造或保温层厚度时,应重新取样检测。

17.2 仪器性能指标

17.2.1 用于检测保温层厚度的钢直尺,其分度值应不大于 1 mm。

17.2.2 用于检测保温层密度的天平,其分度值应不大于 0.01 g。

17.3 检测方法

17.3.1 钻芯检测外墙节能构造的取样部位和数量,应遵守下列规定:

1 取样部位应由监理(建设)与施工双方共同确定,不得在外墙施工前预先确定。

2 取样部位应选取节能构造有代表性的外墙上相对隐蔽的

部位，并宜兼顾不同朝向和楼层，取样部位必须确保钻芯操作安全，且应方便操作。

3 外墙取样数量为一个单位工程每种节能保温做法至少取3个芯样。取样部位宜均匀分布，不宜在同一房间外墙上取2个或2个以上芯样。

17.3.2 钻芯检测外墙节能构造可采用空心钻头，从保温层一侧钻取直径70 mm的芯样。钻取芯样深度为钻透保温层到达结构层或基层表面。当外墙的表层坚硬不易钻透时，也可局部剔除坚硬的面层后钻取芯样。

17.3.3 钻取芯样时应尽量避免冷却水注入墙体内及污染墙面。从空心钻头中取出芯样时应谨慎操作，以保持芯样完整，在垂直于芯样表面（外墙面）的方向上量取保温层厚度，精确到1 mm；量取芯样直径，精确到1 mm。当芯样严重破损，难以准确判断节能构造或保温层厚度时，应在原位检测或重新取样检测。

17.3.4 对钻取的芯样，应按照下列规定进行检查：

1 对照设计图纸观察、判断保温材料种类是否符合设计要求；必要时也可采用其他方法加以判断。

2 观察或剖开检查保温层构造做法是否符合设计和施工方案要求。

17.3.5 去掉芯样的面层后，烘干钻取的芯样，并称取重量，精确至1 g。

17.3.6 记录芯样分层情况，记录每块芯样厚度、直径，计算每块芯样的体积，计算3块芯样厚度的平均值，精确至1 mm。

17.3.7 记录每块芯样的重量，将芯样的重量除以芯样的体积得到每块芯样的密度，计算3块芯样密度的平均值，精确至1 g/m^3。

17.4 合格指标与判定

17.4.1 当实测芯样厚度的平均值符合现行上海市工程建设规范

《建筑节能工程施工质量验收规程》DGJ 08—113 的规定时，应判定保温层厚度符合设计要求；否则，应判定保温层厚度不符合设计要求。

17.4.2 当实测芯样密度的平均值达到设计要求时，应判定保温层密度符合设计要求；否则应判定保温层密度不符合设计要求。

17.4.3 当取样检测结果不符合设计要求时，应增加 1 倍数量再次取样检测；仍不符合设计要求时，应判定围护结构节能构造不符合设计要求。

18 保温系统抗冲击性能检测

18.1 一般规定

18.1.1 保温层抗冲击性能的检测应在保护层施工完成 28 d 后进行。

18.1.2 应根据抹面层和饰面层的不同选取不同的冲击点，避开局部增强区和玻纤网搭接部位。

18.2 仪器性能指标

18.2.1 10J 级钢球，保证钢球及栓绳装置总质量为 1 000 g±10 g。

18.2.2 3J 级钢球，质量为 500 g±5 g。

18.3 检测方法

18.3.1 应采用摆动冲击，摆动中心应固定在冲击点的垂线上，摆长至少应为 1.50 m，取钢球从开始下落的位置与冲击点之间的高差为规定的落差。

18.3.2 10J 级钢球落差应为 1.02 m。

18.3.3 3J 级钢球落差应为 0.61 m。

18.4 合格指标与判定

18.4.1 10J 级试验,10 个冲击点中破坏点不超过 4 个时,应判定为 10J 级。

18.4.2 3J 级试验,10 个冲击点中破坏点不超过 4 个时,应判定为 3J 级。

附录A　湿空气焓湿图

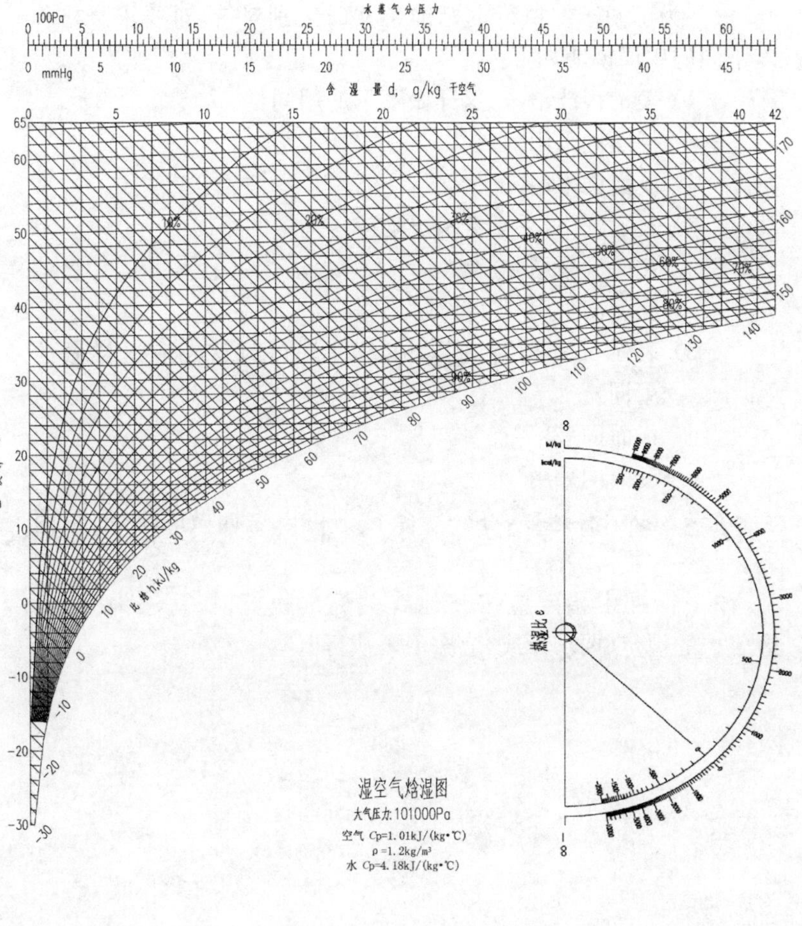

水蒸气分压力
100Pa
mmHg
含湿量d, g/kg 干空气
温度t, ℃
比焓h,kJ/kg
10%
20%
30%
40%
50%
60%
70%
80%
90%
热湿比ε
湿空气焓湿图
大气压力:101000Pa
空气 Cp=1.01kJ/(kg·℃)
ρ=1.2kg/m³
水 Cp=4.18kJ/(kg·℃)

本标准用词说明

1 为了便于在执行本标准条文时区别对待，对要求严格程度不同的用词说明如下：

1）表示很严格，非这样做不可的用词：

正面词采用“必须”；

反面词采用“严禁”。

2）表示严格，在正常情况均应这样做的用词：

正面词采用“应”；

反面词采用“不应”或“不得”。

3）表示允许稍有选择，在条件许可时首先应这样做的用词：

正面词采用“宜”；

反面词采用“不宜”。

4）表示有选择，在一定条件下可以这样做的用词，采用“可”。

2 标准中指定应按其他有关标准执行时，写法为“应符合……的规定（要求）”或“应按……执行”。

引用标准名录

1 《铝合金建筑型材　第6部分:隔热型材》GB/T 5237.6
2 《平板玻璃》GB 11614
3 《中空玻璃》GB/T 11944
4 《建筑幕墙、门窗通用技术条件》GB/T 31433
5 《围护结构传热系数检测方法》GB/T 34342
6 《民用建筑热工设计规范》GB 50176
7 《建筑节能工程施工质量验收规范》GB 50411
8 《建筑工程饰面砖粘结强度检验标准》JGJ/T 110
9 《居住建筑节能检测标准》JGJ/T 132
10 《外墙外保温工程技术规程》JGJ 144
11 《建筑铝合金型材用聚酰胺隔热条》JG/T 174
12 《红外热像法检测建筑外墙饰面粘结质量技术规程》JGJ/T 277
13 《建筑反射隔热涂料节能检测标准》JGJ/T 287
14 《围护结构传热系数现场检测技术规程》JGJ/T 357
15 《外墙保温用锚栓》JG/T 366
16 《建筑门窗、幕墙中空玻璃性能现场检测方法》JG/T 454
17 《建筑用热流计》JG/T 519
18 《气象用铂电阻温度传感器》QX/T 24
19 《温度传感器系列型谱》JB/T 7486
20 《建筑节能工程施工质量验收规程》DGJ 08—113
21 《建筑反射隔热涂料应用技术规程》DG/TJ 08—2200

上海市工程建设规范

建筑围护结构节能现场检测技术标准

DG/TJ 08—2038—2021

J 11209—2021

条 文 说 明

2021　上海

目　次

Contents

1 总 则

1.0.1 本条是编制本标准的宗旨。国家“十一五”纲要中提出了要落实节约资源和保护环境基本国策，建设低投入、高产出，低消耗、少排放，能循环、可持续的国民经济体系和资源节约型、环境友好型社会，将建筑节能列为十大节能工程之一，要求严格执行建筑节能设计标准，推动既有建筑节能改造，推广新型墙体材料和节能产品等。“十二五”时期是本市节能和应对气候变化工作全面推进并取得重大进展的五年。在党中央、国务院的领导下，在市委、市政府的部署下，上海不断完善体制机制，持续加大政府投入力度，市、区联手，广泛发动全社会合力推进，全市节能和应对气候变化工作取得显著成效。根据上海市“十三五”规划，全市“十三五”能源消费总量净增量控制在 970 万吨标准煤以内，2020 年能源消费总量控制在 1.2357 亿吨标准煤以内；二氧化碳排放总量控制在 2.5 亿吨以内；单位生产总值能耗和单位生产总值二氧化碳排放量分别比 2015 年下降 17%和 20.5%。建筑节能现场检测技术是确保建筑节能措施效果的一个重要的方法。编制本标准，目的是为了使现有的建筑节能现场检测工作具有科学的、规范的、公平的可操作性文件和依据，确保各方的合法权益，使建筑节能工作落到实处。

1.0.2 本条规定了本标准的适用范围，不仅适用于民用建筑，工业建筑在技术条件相同时也可适用。

1.0.3 本条说明在建筑围护结构节能现场检测工作中，除执行本标准的规定外，尚应执行国家以及上海市现行的有关标准、规范的规定。

3 基本规定

3.1 检测的工作程序和基本要求

3.1.1 本条程序图描述了一般的建筑节能现场检测从接受委托到出具检测报告的各阶段必不可少程序，这些程序是建筑节能现场检测工作得以顺利、有效开展的保证，对于特殊情况，需根据检测目的调整相应的内容。

3.1.2 建筑节能现场检测工作前的现场调查和资料收集工作是很重要的。了解检测对象的状况和收集有关资料不仅有利于制订检测方案，而且有助于确定检测内容和重点。有关资料主要是指建筑的设计文件、材料及构件检测报告、施工中间过程记录、施工验收报告等。当缺乏有关资料时，应向有关人员及单位进行调查。

3.1.5 目前建筑节能检测现场检测研究还处于初期阶段，适用的方法不多，因此鼓励开发和引进新的检测方法。新开发的方法和仪器应通过技术鉴定，并应与已有的方法和仪器进行对比试验和验证。此外，新开发和引进的检测方法有相应的检测细节。对结果量值溯源情况应作说明，以确保结果量值能够溯源到国家基准。

3.2 检测的范围和抽样方案

3.2.1 本条规定了建筑围护结构节能现场检测的项目，这些项目均能影响到建筑节能工程的质量，但有些建筑节能工程仅能开展部分项目的检测工作，故本条用“宜包括下列项目”来表述。

3.2.2 本条对围护结构热工性能的现场检测内容作了规定。因为保温材料的缺失、受潮和外围护结构的空气渗漏都属于保温缺陷的范畴，并且都容易用红外热像法检测，故在进行红外热像法热工缺陷检测时，将外墙、外门窗及屋面列入检测范围。因为建筑物屋面和西(东)外墙最能反映建筑物的围护结构隔热性能，夏季内表面温度也最高，故围护结构隔热性能的检测一般限于建筑物的屋面和西(东)外墙。

3.2.3 本条提出抽样方案不仅保证抽样检测的结果能正确反映检测对象的节能保温性能，还简单易行。对于住宅建筑，具有不同的节能保温措施和不同结构体系的房屋应作为不同的检测批；不同的施工单位施工水平不一样，不同施工单位完成的项目应作为不同的检测批。公共建筑一般比住宅建筑体型复杂，而且不同的公共建筑功能各异，故对公共建筑的检测以每一单体建筑为一检测总体。

本规范规定以层为检测单元。每一独立结构层具有完整的各朝向的外围护结构，形成一个独立的能量交换系统。将层作为检测单元相对减少了抽样总体中单元划分的个数，使检测工作在保证检测精度的情况下变得简单易行。因为屋顶层与标准层的检测要求不同，所以将屋顶层与标准层分别进行检测。确定屋顶层和标准层的总容量(个数)以后，分别按表3.2.3确定检测样本的最小容量。

3.3 检测报告

3.3.2 为了使检测报告表达清楚和规范，本条对检测报告的用词作出规定，尤其对容易混淆的概念提出了给予解释的明确要求，以保证检测报告的质量。

3.3.3 检测报告格式内容各单位可以自行设定，但出具的检测报告内容必须包含本条的规定的所有内容。

4 传热系数检测

4.1 一般规定

4.1.2 围护结构的传热系数现场检测，是所有建筑热工现场检测中最基本的一项内容。目前国内外一般均采用热流计法来现场检测围护结构的传热系数，故本条提出宜采用热流计法来现场检测围护结构的传热系数。

4.1.3～4.1.5 对围护结构传热系数现场测试结果的影响因素很多，太阳辐射、室内热源、热桥等，为使测试结果具有客观性，尽量避免太阳辐射、室内热源、热桥等因素的影响，被测围护结构朝向宜选择北向，测点宜布置在所测围护结构的主体区域，主体区域是指温度分布一致的区域占所测围护结构面积的50％以上的区域。如果选择进行测试的围护结构会受到太阳辐射影响时，宜采取遮挡措施。

4.3 检测方法

4.3.4 热流计与温度传感器安装时，要求热流计与温度传感器与基底有相同辐射率，否则应对受检表面进行表面处理，同时应对热流计和温度传感器进行防辐射处理。室外温度传感器应绝对避免置于日晒之下。

4.3.7 定时为检测机构自定的时间周期，且不得大于标准规定的时间间隔，该处定时的时间间隔不应大于 5 min。采样间隔为两次采样间隔时间，该处不宜大于 1 min。记录时间间隔为设定的设备自动采集的时间间隔,该处不应大于 5 min。

4.3.9 热流计法数据处理可采用算术平均法和动态分析法两种方法,本条给出了采用算术平均法的前提条件。

4.3.11 因为非透明围护结构含水量对传热系数有较大影响,为了使检测结果能正确反映非透明围护结构的传热性能,应保证检测时非透明围护结构处于正常干燥状态,一般认为施工完成后 12 个月以上的非透明围护结构可达到正常干燥状态。对于非透明围护结构施工完成后在 12 个月内的传热系数检测,在计算传热系数时,应对构件测试热阻 R 进行修正。

5　热工缺陷检测

5.1　一般规定

5.1.1　建筑围护结构热工缺陷是影响建筑物节能效果和热舒适性的关键因素之一。建筑物外围护结构热工缺陷，主要分外围护结构表面和内表面热工缺陷。通过热工缺陷的检测，剔出存在严重热工缺陷的建筑，以减小节能检测的工作量。由于采用红外热像仪进行热工缺陷的检测，具有简单、方便、无损的效果，所以建筑围护结构热工缺陷宜采用红外热像法进行检测。

5.1.2　现场调查和资料收集是在正式检测之前的准备调查，该调查是采用红外热像法进行检测的必要条件。

5.2　仪器性能指标

5.2.1　本条中提到的温度一致性是指红外热像仪拍摄的同温度区域热像图显示温度的一致性。

评价红外热像仪的性能指标中有一项是空间分辨率，也有标准称作空间分辨力。空间分辨力为红外热像仪分辨物体空间几何形状细节的能力，概念比较广泛。由于红外热像仪设备性能指标里是采用空间分辨率来标注，所以本标准采用空间分辨率来表示该项性能指标。空间分辨率是指遥感影像上能够识别的两个相邻地物的最小距离。对于扫描影像，通常用瞬时视场角(IFOV)的大小来表示(毫弧度 mrad)，即像元，是扫描影像中能够分辨的最小面积，该数值越小，设备性能越好。

5.2.2 红外热像仪采用高灵敏度的红外探测器，为了避免影响图片质量，须对拍摄环境进行规定。

5.3 检测方法

5.3.2 由于太阳直接照射或灯光直接照射对围护结构表面温度影响较大，所以本条明确提出被测表面不应受太阳直接照射或灯光直接照射的时间限定条件。

5.3.6 应对实拍红外热像图进行分析并判断是否存在热工缺陷以及缺陷的类型和严重程度，可通过与参考热像图的对比进行计算、判断。必要时可采用内窥镜、取样等方法进行认定。

5.4 合格指标与判定

5.4.1 为了防止单块热工缺陷面积过大而对用户舒适性造成影响，特对单块缺陷面积进行限制。对于开间 3 m～6 m 的建筑来说，热桥面积小于 5.4 m^2。如果将单块缺陷面积取为热桥面积的 1/10，则为 0.54 m^2，所以取 0.5 m^2 作为限值。

5.4.2 由于围护结构内表面热工缺陷对热舒适影响较大。所以规定因缺陷区域导致的能耗增加值应小于 5%；为了防止单块缺陷面积过大对用户舒适性造成影响，与外表面一样，取单块缺陷面积 0.5 m^2 作为限值。

6 外围护结构热桥部位内表面温度

6.3 检测方法

6.3.1 红外热像仪具有测温功能，且属于非接触测量，使用十分方便。尽管红外热像仪在用于温度测量时常因受环境条件和操作人员技术水平的影响，存在 2 ℃左右的误差，但是利用红外热像仪协助确定热桥部位温度最低处则是十分合适的，因为红外热像仪可以简单方便的测出表面相对温度分布状况。

6.3.6 现行国家标准《民用建筑热工设计规范》GB 50176 中规定热桥部位内表面温度不应低于室内空气露点温度，这是相对于室内外冬季计算温度条件而言的。因此，需将实际室内温度条件下的测量值换算成室内外计算温度下的表面温度值。

7 围护结构隔热性能检测

7.1 一般规定

7.1.1 隔热性能是指建筑围护结构在夏季自然通风状况下隔热的热工性能。所以隔热性能检测需在夏季进行。

7.1.2 根据上海实际情况，规定了室外最高气温条件为 34.1 ℃～38.1 ℃。如果检测当天的室外风速高，自然通风条件好，有利于室内内表面最高温度的降低，但当室外风速超过 5.4 m/s（即 3 级）时，住户往往会关窗防风，所以在室外风速超过 5.4 m/s 时不应开展检测工作。

7.3 检测方法

7.3.2 室外温度测点应避免阳光直射，故应采用有效的防阳光直射措施，本条提出可采用百叶箱法来避免阳光直射。

7.3.3 因为围护结构各测点的温度不可避免地会存在差异，所以采用平均值来评估更为客观合理。同时在温度的现场测试中，不同的测点有时会因为个别测点安装不正确或围护结构局部的严重不均匀，有可能出现离散。因此，在整理数据时有必把异常测点剔除掉。

8 外表面太阳光反射比检测

8.1 一般规定

8.1.2 因为检测点需保持干燥并避免日晒，所以在现场检测时可采用遮阳伞进行防护，以避免太阳光直接照射。

8.1.3 检测环境条件的确定是为了确保检测人员安全和防护仪器，确保检测精度。仪器应避免太阳直接照射，测量仪器受太阳直接照射后，仪器外壳会吸收热量，从而影响测量结果，因此必要时可采用遮阳伞进行防护。

8.3 检测方法

8.3.1 每组 3 个测点，是为了避免偶然性，规定检测点的间距最小为 500 mm，是检测区域上检测人员展开手臂可以够及的位置。

8.3.2 非均质涂层的围护结构隔热性能检测主要难度在于颜色的不均一和涂层质感的不均一。编制组通过大量实验采用平均分布多次测量的方法测定非均质型热反射隔热涂料涂层太阳反射比及明度值。经过大量实验验证，对彩点分布密度小及彩点大的涂料应对涂层表面平均分布的至少 10 个位置测量并记录太阳光反射比、近红外反射比及明度值。

8.4 合格指标与判定

8.4.1 外表面太阳光反射比现场检测方法主要参考现行行业标

准《建筑反射隔热涂料节能检测标准》JGJ/T 287，考虑到现场检测的外部条件及与实验室检测方法不同的影响，现场检测值仅需满足设计值的90%即可判定合格。

9 外窗(阳台门)气密性能现场检测

9.1 一般规定

9.1.1 检测过程中,对环境参数有一定的要求,当室外风速达到3 m/s时,窗的最大压差不会超过5 Pa,相当于检测期间平均压差65 Pa的7.7%,则控制在10%以内。

9.1.2 本条规定了一组为3樘,当一栋建筑少于3樘时,应全部进行检测,检测位置可以随机抽取。

10 建筑幕墙(可开启部分)气密性能现场检测

10.1 一般规定

10.1.1 该条规定主要是考虑到检测人员现场的可操作性以及安全性。

10.1.2 现场检测时,室外环境条件可能会对检测结果有一定的影响,因此本条对检测时的室外风速和温湿度进行了规定。降水或降水后马上进行气密性能检测,会导致幕墙气密性能改变,故现场检测时需保持试件干燥。

10.3 检测方法

10.3.2 检测装置本身的泄漏量应进行测定,对于选取的每一樘幕墙开启扇都应检测附加空气渗透量。如开启扇外侧不方便贴密封胶带,也可选择在室内侧进行。

10.3.5 建筑幕墙的可开启部分与建筑外窗类似,其现场气密性检测结果采用 3 个试件的算术平均值,而不是实验室检测方法《建筑幕墙气密、水密、抗风压性能检测方法》GB/T 15227 的 1 个试件。

11 中空玻璃露点检测

11.3 检测方法

11.3.1 本方法中规定的露点测试时间也适用于夹层玻璃，如果和露点仪接触的测试对象为夹层玻璃，其厚度应按夹层玻璃总厚度来计算接触时间。

11.3.2 对于三玻两腔中空玻璃，由于存在两个空气间隔层，所以需要分别测试中空玻璃的两个表面。

12 中空玻璃厚度检测

12.3 检测方法

12.3.1 中空玻璃在安装或组装前，由于没有窗框的影响，故可采用游标卡尺对其每一层玻璃厚度、空气间隔层厚度进行测量。

12.3.2 对于已安装的普通中空玻璃、三玻两腔中空玻璃及夹层中空玻璃均可以利用中空玻璃测厚仪测量玻璃层及空气间隔层厚度。但由于中空玻璃测厚仪采用的是光学原理，对于已安装的夹层中空玻璃，利用中空玻璃测厚仪目前只能测得夹层玻璃总厚度、空气间隔层的厚度，尚不能识别夹层玻璃的每一层玻璃及胶片的厚度。

13 门窗隔热条高度检测

13.1 一般规定

13.1.1 门窗隔热条高度检测需在门窗没有明显质量缺陷的正常工作状态下进行，以保证检测结果的有效性。

13.1.2 门窗的框料和扇料是不同的型材，应分别检测隔热条高度，考虑到减少门窗型材的破损，每组选一根隔热型材进行检测。

13.3 检测方法

13.3.1 由于本标准第13.3.2条的检测方法对已安装隔热型材会造成局部破损，为减少对隔热型材破损程度，经过实验研究确定每组选取一根隔热型材，每根隔热型材检测一个位置的高度。

13.3.3 门窗型材检测完成，会留有破损洞口，为了防止雨水侵入，一般可采用颜色相近的硅酮密封胶对钻孔进行密封处理。

14 中空玻璃 Low-E 膜层及其位置检测

14.3 检测方法

14.3.1 检测前,应检查中空玻璃外观质量,对于玻璃表面污染严重的,应清洁后才能进行检测。

14.3.2 为起到保温隔热的效果，Low-E 膜的位置应正确,一般位于中空玻璃内表面。但采用 Low-E 膜面鉴别仪确定中空玻璃膜层及其位置时,不能确定 Low-E 膜层的膜的具体量化参数。

15 锚栓抗拉拔强度检测

15.2 仪器性能指标

15.2.1 锚栓现场拉拔，由于受到条件限制，所采用的仪器必须适应现场工况，不能太笨重，但也需达到拉力的要求。故在本条规定了最小读数和最大实验拉力。一般情况下，外保温的锚栓拉拔力在 5 kN 以下，故作出了最大实验拉力为 5 kN～10 kN 的要求。

15.2.2 拉拔仪拉拔锚栓要有适当的夹具。由于很多单位拥有的是面砖粘结拉拔仪，不能直接用于拉拔锚栓，故提出应配有合适的夹具。而且还需要拉拔仪具有足够的行程。

15.3 检测方法

15.3.1 由于检测方法是直接在外保温上做破坏性锚栓拉拔试验，试验后为了保证外保温系统的质量安全，还应在试验位置附近补充锚栓。

15.3.2 对现场试验数据记录的要求必须科学。锚栓拉拔承载力分布较为分散，拉拔数量少于 10 个时，认为无法进行数理统计分析，取最小值作为检测值。现场实际操作过程中，一般每种典型基层墙体选择 5 个锚栓进行拉拔，当有要求时，可取 10 个或 15 个，当拉拔锚栓数量≥10 个时，需按照数理统计进行分析。

16 保温系统粘结性能检测

16.3 检测方法

16.3.1 保温系统粘结强度和面砖饰面层的粘结强度现场检测时的切割深度是不一样的。对保温系统粘结强度的现场检测，切割深度需到达墙体基层位置；对面砖饰面层的粘结强度，切割深度需到达面砖胶粘层。

16.3.4 本条规定了面砖饰面层粘结强度检测值和保温系统粘结强度检测值的数据处理方法，保温系统还需注明破坏状况。这样可以判断是保温材料强度出问题还是粘结剂出问题。

17 保温层厚度和密度检测

17.3 检测方法

17.3.2 钻芯检测外墙节能构造的方法中建议钻取直径 70 mm 的芯样，是综合考虑了多种直径芯样的实际效果后确定的。实施时如有困难，也可以采取 50 mm～100 mm 范围内的其他直径。由于检测目的是验证墙体节能构造，故钻取芯样深度只需要钻透保温层到达结构层或基层表面即可。

17.3.3 为避免钻取芯样时冷却水流入墙体内或污染墙面，钻芯时应采用内注水冷却方式的钻头。